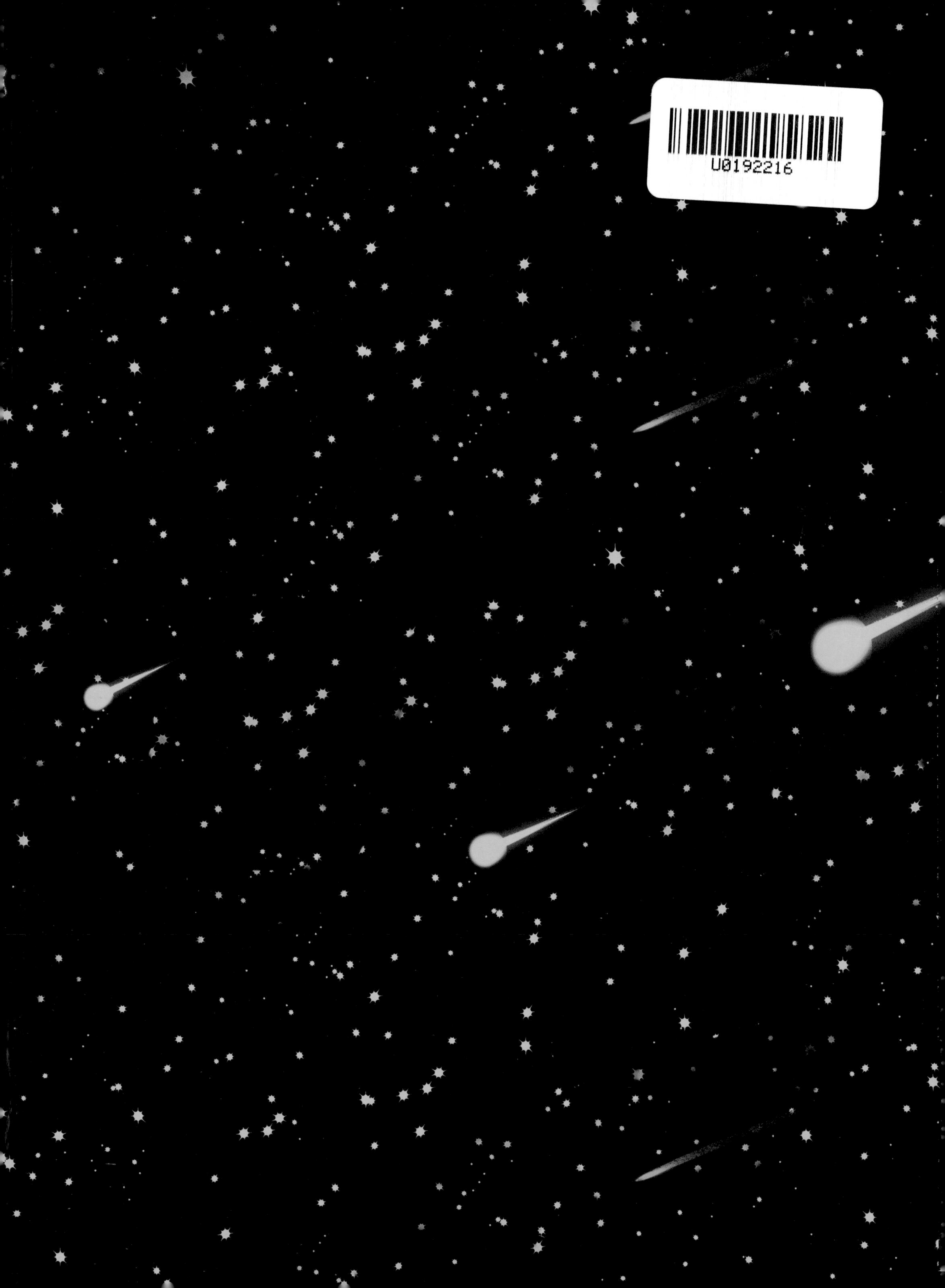

WATCH THIS SPACE！
The UNIVERSE, BLACK HOLES and the BIG BANG

你看！外太空

宇宙、黑洞和大爆炸

[英]克莱夫·吉福德/著 张春艳/译

浙江人民出版社

图书在版编目（CIP）数据

你看！外太空 /（英）克莱夫·吉福德著；张春艳
译 . — 杭州：浙江人民出版社，2022.1
ISBN 978-7-213-10310-0

Ⅰ.①你… Ⅱ.①克… ②张… Ⅲ.①宇宙—普及读
物 Ⅳ.① P159-49

中国版本图书馆 CIP 数据核字 (2021) 第 194777 号

浙 江 省 版 权 局
著 作 权 合 同 登 记 章
图字：11-2020-499 号

First published in 2015 by Wayland, an imprint of Hachette Children's Group,
part of Hodder and Stoughton

目录 CONTENTS

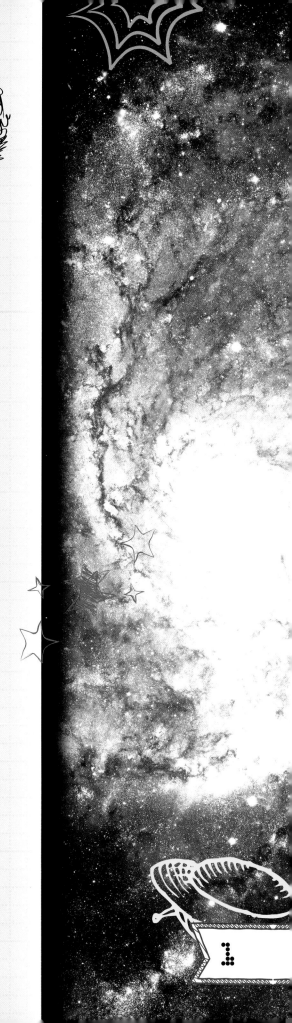

什么是宇宙？

宇宙是由我们看见和感知到的一切事物组成的，小到原子里面的微粒子，大到数百万光年的庞大星系，无所不包。

远古时代

据宇宙学家估计，宇宙大约存在 137 亿年了。这是令人难以想象的漫长时间。人类是这个盛会的后来者，人类在 20 万年前才出现在地球上。

威尔金森微波各向异性探测器（Wilkinson Microwave Anisotropy Probe, WMAP）可帮助人类测算宇宙的年龄

太阳系里的漫长距离

如果想对宇宙的范围有个概念，你可以先从太阳系中的距离开始了解。一个天文单位（A.U.）等于太阳到地球的平均距离——约为 1.496 亿千米。距离地球最远的人造天体是"旅行者1号"探测器，距离我们 130 个天文单位，而它才刚刚到达太阳系的边界。

能想多大……

科学家们用"光年"这个单位，来表示更远的距离。它是光用一年的时间前进的直线距离，极其遥远，1 光年约为 94605 亿千米。除太阳以外，离地球最近的恒星是比邻星，距离我们大约 27.1 万个天文单位（约 4.24 光年）。

就想多大……

光从月球到地球，仅需要 1.3 秒。相比之下，光穿过我们的银河系，需要 10 万年。而银河系只是数十亿个星系中的一个，它们之间相隔数百万光年。

太空是什么样子的？

我们以为太空是空旷的，但实际上它充斥着非常稀疏的气体和尘埃分子。由于恒星的热能，恒星附近相对温暖，但太空中其他地方都极其寒冷，平均温度为零下 270.2 摄氏度。

嘘！

在太空中，你的尖叫或发出的其他声音，没有人能听得见。声音是通过物体分子振动产生的波动来传播的。在太空最空旷的地方，仅有很少的分子振动，所以只剩下静寂无声。

930 亿光年

这是目前科学家估测的宇宙直径的长度。数据来源于欧洲航天局（European Space Agency, ESA）。

探索宇宙

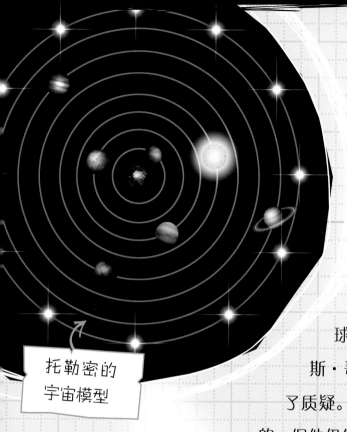

托勒密的宇宙模型

在古代，人们对于太空的认识受宗教的影响。近代科学的发展极大地帮助了我们进一步了解宇宙以及它是如何运行的。

地心说

在约 1500 多年的时间里，很多人赞同埃及科学家托勒密（Ptolemy）的观点，认为地球是宇宙的中心。中世纪的波兰天文学家尼古拉斯·哥白尼（Nicolaus Copernicus）对这个观点提出了质疑。哥白尼认为，地球和其他行星是围绕太阳运动的。但他仍然认为太阳系是宇宙的中心。

性命攸关

意大利哲学家焦尔达诺·布鲁诺（Giordano Bruno）首次提出：太阳系仅仅是宇宙众多星系中的一个。同时，他坚信其他的星球也有人类存在。他的观点与当时的教会冲突，这使他在 1600 年被烧死在柱子上。

思考先行

天文学的许多进步是在没有望远镜的条件下，仅仅是通过思考和推演取得的。1687 年，艾萨克·牛顿（Isaac Newton）发表了关于引力如何影响宇宙万物的理论。约 70 年后，伊曼纽尔·康德（Immanuel Kant）提出，太阳系形成于旋转的尘埃和气体圆盘。

模糊的想法

在 17 世纪望远镜被发明之后，天文学家发现了太空中的新物体——朦胧的、包含着明亮光点的螺旋形物体。这些物体被称为星云，随后科学证实它们是恒星密布的星系。

星际穿越

直到 20 世纪，大部分科学家还认为银河包含了整个宇宙。后来，美国天文学家爱德温·哈勃（Edwin Hubble）用镜片直径为 2.5 米的巨型望远镜，观测到了仙女星系的天体，大众的观点才有所改变。他发现这些天体比银河系中离地球最远的恒星还要远 10 倍，足以证明有其他星系存在。

现代科技的发展帮助我们更好地探索太空。"揭示计划"使用了 8000 个强大的电脑芯片，制作出了也许能揭示宇宙形成过程的模型

2000 年

如果使用普通台式计算机来完成所有的宇宙模拟过程，需要花 2000 年的时间

宇宙是如何开始的？

大爆炸理论是最广为人知的关于宇宙起源的理论。它认为宇宙及其中的一切物质，都起源于一个奇点。能量、物质和时间在此之前都不存在——即大爆炸是时间的开始，没有"之前"。

大爆炸之后

20世纪早期的研究表明，星系正在互相远离，这意味着宇宙的范围在不断扩大。乔治·勒迈特（Georges Lemaître）提出，如果宇宙的尺寸在变大，那它过去一定比现在小。这个想法令他得出结论：宇宙始于一个奇点。他的理论在1927年到1931年之间陆续公布，奠定了大爆炸理论的基础。

乔治·勒迈特是一位比利时神父，同时也是一名科学家

这幅图展示了大爆炸37.5万年后出现的宇宙背景辐射。热的点用红色表示，冷的点用深蓝色表示

宇宙背景

大爆炸理论认为，在大爆炸之后，宇宙能量在冷却并融入宇宙背景之前，是在刚形成的宇宙之中到处游走的。这个理论有科学依据做支撑，宇宙背景辐射是科学家能观测到的最古老的能量。

鸽粪

两位年轻的科学家——阿尔诺·彭齐亚斯（Arno Penzias）和罗伯特·威尔逊（Robert Wilson）在 1964 年首次发现了宇宙背景辐射。他们在清扫周围满是鸽子和鸽粪的无线电天线盘时，接收到了粗糙的无线电噪声，这后来被证实是大爆炸引起的背景辐射。

模拟大爆炸

我们无法回到大爆炸开始的时候，所以我们的理论来源于数学模型和实验，比如大型强子对撞机。大型强子对撞机将原子粒子置于 27 千米长的地下隧道，将其加速到接近光速，使它们对撞，以此来模拟大爆炸之后的宇宙环境。

37 亿英镑

这是建造这个大型强子对撞器所花费的金额。

大型强子对撞机（Large Hadron Collider, LHC）

宇宙的发展和形成

想象一下，你即将从宇宙的起源开始，开启一段超越想象的狂野旅程。

并不是真正意义上的爆炸

与其说宇宙爆炸了，不如说宇宙扩张了——以实实在在令人难以置信的速度。科学家们估计，仅仅眨眼之间，宇宙就从比原子还小变得比一整个星系还大。并持续不断发展成原始大小的成万上亿倍。

最初的星系由什么构成？

没人能确定。曾经有人认为在最初的十几亿年，星系并未形成。但在2011年，哈勃太空望远镜发现了已知最古老的星系，预计形成于大爆炸之后约5亿年间。

宇宙的形成

在最虚无的时刻，宇宙以疯狂的速度不断扩张。在大爆炸刚发生之后，宇宙如此炙热，以至于任何试图形成物质的粒子都会瞬间被摧毁。

38 万年

在大约 38 万年后，宇宙的温度降到 3000 摄氏度左右，氢原子和氦原子开始形成。宇宙还在持续扩张，但速度不如之前那样快。

4 亿年

大爆炸后 40 万年至 4 亿年间，宇宙都是黑暗模糊的。

大爆炸后约 4 亿年，第一颗原恒星形成了。这些原恒星的核心开始发生核聚变，同时放出明亮的光线。

90 亿年

我们的太阳系大约形成于 46 亿年前，也就是大爆炸 90 亿年后。开始时，太阳形成于巨大的气体和尘埃云。随着不断发展，一个由剩余的气体和尘埃形成的巨大圆盘环绕着太阳，最终形成了太阳系的行星和其他天体。

137 亿年（现今）

不断膨胀的宇宙

1929 年，爱德温·哈勃发现了宇宙的基本现象：它一直在膨胀！这个重大发现巩固了大爆炸理论，科学家们后来也在不断地研究着。

红移

还记得上一次警车鸣着警笛从你旁边经过吗？当它驶向你的时候，音调比较高；当它驶离时，音调比较低。这就是多普勒效应。光也会出现相似的现象，被称为红移。

爱德温的双赢

哈勃通过测量距离和运用红移现象，推演出星系正在远离太阳系。他发现离地球越远的星系，它远离太阳系的速度越快。结论就是，整个宇宙都在膨胀。

当天体远离我们时，它发出的光波因被拉长而呈现红色，这就是红移现象

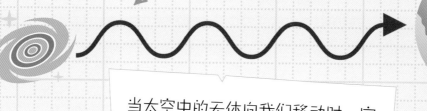

当太空中的天体向我们移动时，它的光波因被挤压在一起变短而呈现蓝色，这就是蓝移现象

哈勃常数

哈勃估算了宇宙膨胀的速度，这就是哈勃常数。现在，哈勃常数被认为大约为71(km/s)/Mpc，即一个星系与地球的距离每增加兆秒差距（约326万光年），其远离地球的速度就增加71千米每秒。

宇宙膨胀后会变为何物？

宇宙并未膨胀成为任何东西。宇宙中的空间正在膨胀，星系间的空间越来越大。这有点像做巧克力碎曲奇。巧克力碎（星系）开始时彼此距离很近，但随着曲奇在烘焙时膨胀，巧克力碎逐渐远离彼此。

距离越远，速度越快

因为宇宙在不断膨胀，距离越远的星系，移动的速度越快。离我们326万光年的星系，远离地球的速度为每秒71千米。然而，比它远100倍（即3.26亿光年远）的星系，远离地球的速度是它的100倍，即每秒7100千米。嗖嗖嗖！

宇宙膨胀的方式与烘焙时曲奇膨胀的方式相似

11

星群、星团和超星系团

引力常常将一些星系聚集在一起形成星群。由许多星系组成的大的星群，称为星团。星团中星系的数量少则几个，多则几千。

本星系群

本星系群有 30 多个星系，银河系是其中之一。本星系群里最大的星系是仙女座，它包含的恒星数量是银河系中已发现恒星数量的两倍。而最小的星系是小熊座矮星，不到 10 光年长，但它拥有很多古老的恒星。

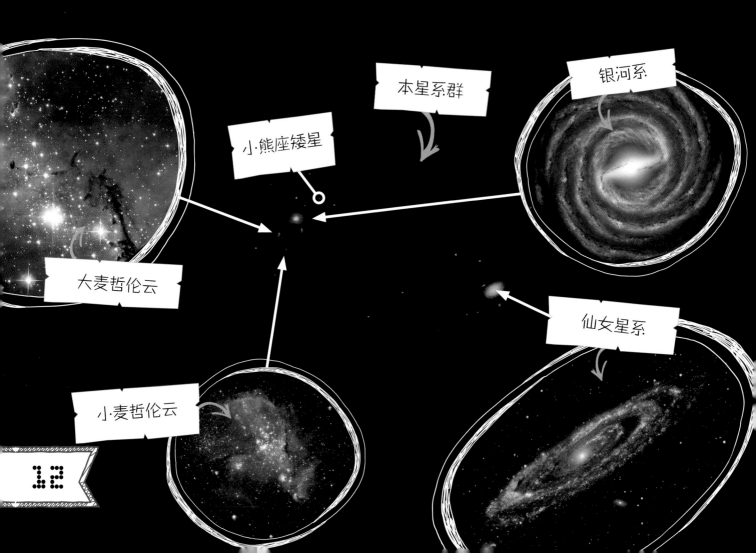

本星系群

银河系

小·熊座矮星

大麦哲伦云

仙女星系

小·麦哲伦云

与我们相邻的星团

室女星系团是与我们相邻的最大的星团，它覆盖的范围大约为 10 光年，包含了 160 个左右的大型星系，其中包括巨型椭圆星系 M87。

冲撞中的星团

斯蒂芬五重星系离我们大约 2.8 亿光年。它是本星系群中最小的星团之一，仅包含 5 个星系。其中 4 个星系互相发生了高速冲撞，产生了一股巨大的冲击波，尺度甚至超过了银河系！

斯蒂芬五重星系中的两个星系距离非常近，看起来好像一个星系

什么是超星系团？

超星系团是由多个星团组成的更高一级的星团。它可包含几百个星系团，你无法想象它有多大。本星系群、室女星系团和周围的 100 多个星群与星团，都是拉尼亚凯亚超星系团的一部分。

1.6 亿光年

这是拉尼亚凯亚超星系团的直径。

黑　洞

黑洞是神秘、不可见的天体，可吞噬恒星、行星甚至星系。黑洞是宇宙中最令人着迷，也是最令人恐惧的存在之一。

超密物质

黑洞绝不是一个空洞。它在极小的空间区域，容纳着数量惊人的物质，是一个密度大到令人难以置信的天体。天体的质量越大，它的对其他物体的引力就越大。所以，黑洞拥有极其巨大的引力，能将一切物体吸进去。

恒星型黑洞

恒星型黑洞由大质量恒星演化而来。大质量恒星由于名为"超新星"的巨型爆炸而分裂。爆炸后，恒星的核心由于引力而向内坍缩。如果核心的质量够大，引力会持续向内作用直到形成黑洞。

恒星型黑洞

吸积盘——物质在被吸进黑洞时，往往会在黑洞周围形成一个旋转的圆盘

视界——物质被吸进黑洞而无法返回的边界

奇点——黑洞的所有质量都汇聚在这一个点

在视界之上

　　没有人会想要待在黑洞视界附近的任何地方。视界是黑洞区域的边界线，任何物体都无法从视界内逃逸。在视界内的一切物体，小至尘埃粒子，大至整个恒星，都会被引力拉进黑洞，并被它巨大的引力撕得粉碎。

24000 光年

这是已知离地球最近的黑洞——人马座 A* 所在的位置与地球的距离。

NGC1097 星系中心的黑洞拥有的物质质量是太阳的 1 亿倍

黑洞

特大质量黑洞

　　特大质量黑洞的质量远远大于恒星型黑洞。科学家还不确定它是如何形成的，但他们相信大部分星系中心都有特大质量黑洞。银河系中心的黑洞叫作人马座 A*。它的质量约等于太阳的 430 万倍。

"黑洞猎人"

天文学家通过多种途径寻找黑洞。他们寻找可能存在黑洞的缝隙，观察恒星和天体的行踪，运用仪器探测黑洞附近的物质发射出的 x 射线。

"泄密"信号

"黑洞猎人"留意太空中的某些可见天体，这些天体的某些迹象表明附近应该有巨型天体。而这些迹象可能是恒星穿越太空时产生的晃动或一个看不见的中心周围的物质形成的旋转圆盘。

核分光望远镜阵是太空中第一台可以拍出 x 射线的高清望远镜，它于 2012 年发射

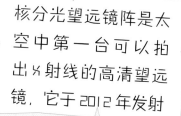

黑洞：找到了！

第一个被发现并确认的黑洞是天鹅 X-1，距离地球大约 1 万光年。1971 年，美国国家航空航天局（National Aeronautics and Space Administration，NASA）乌呼鲁 x 射线卫星上第一台专门用于观察 x 射线的望远镜，在太空中观测到了天鹅座 X-1 发出的 x 射线。

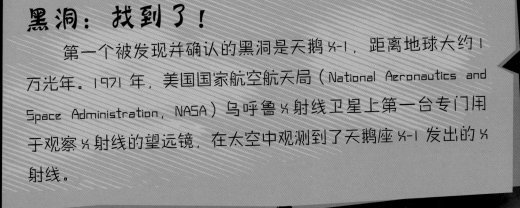

HDE 226868

天鹅 X-1 正从它的近距恒星 HDE 226868 汲取物质

"问题"成双

有小部分星系，如 NGC 6240 的中心拥有不止一个，而是两个特大质量黑洞。天文学家认为当两个星系融合成一个时，这种情况就会出现。这两个黑洞虽然质量巨大，但它们环绕彼此以每小时 800 千米的速度旋转。

给我们一个音符

科学家们在英仙星系团中心的黑洞里探测到了宇宙中最低的音符——降 B 音，比中央 C 低了 57 个八度。

最大的特大质量黑洞有多大？

目前发现的最大的特大质量黑洞位于 NGC 4889 星系，质量约为太阳的 210 亿倍。

"小"地盘上的"大"家伙

巨大的黑洞也可能存在于小型星系之中。M60-UCD1 是一个直径极小、仅为 300 光年的矮星系。但在 2014 年，哈勃空间望远镜发现在它的中心有一个巨大的黑洞，其质量为太阳的 2000 万倍。

特大质量黑洞

最终，NGC 6240 的两个特大质量黑洞极有可能融合成一个

活动星系

天文学家从规则星系（如仙女座）观测到的光线来自星系中的恒星。活动星系则不一样。它们从星系中心的极小区域发射出能量，这个区域被称为"星系核"。

别以为是喷气机旅行

科学家们认为，所有的活动星系都是由中心的黑洞驱动的。有些活动星系，如射电星系，它们的黑洞不仅吸入物质，同时也以超级快的速度喷出一股股巨大的物质流。这些物质在太空中冷却下来，形成巨大的羽状气团。

巨大的尘埃带

半人马座 A 是一个巨大的椭圆射电星系。它是在几百万年前由两个星系融合形成的。它位于距地球大约 1200 万光年远的地方，但却是从地球上观测亮度第五的星系。它的两个巨大的喷流长度超过 100 万光年。

半人马座 A

类星体

类星体是在遥远的星系中被发现的极其明亮的天体，大部分都位于 90 亿至 120 亿光年远的地方，但却能在地球上被看见，因为它们发射出的能量无比巨大，并且绝大部分都是可见光。

类星体就像能照亮整个城市的手电筒，淹没了星系中其他恒星发出的光线

4 万亿

3C 273 类星体的亮度是太阳亮度的 4 万亿倍。它被发现于 20 世纪 60 年代，是第一个被发现的类星体。

庞然大物

科学家们发现了一个由 73 个类星体构成的绝美星团，大约距离我们 90 亿光年。它被称为超大类星体群，它大到光需要 40 亿年才能从中穿过。有些科学家认为它是宇宙中最庞大的结构。

暗物质和暗能量

天文学家已经具备很多关于宇宙的知识，但仍有很多问题没有答案。其中两个最大的问题是关于我们还无法观测的事物——神秘的暗物质和暗能量。

暗物质谜团

科学家们认为，目前存在的常规物质，并不足以解释宇宙中出现如此巨大的引力。这表明宇宙中一定存在着另一种形式的物质，它并不吸收或者发射光线或其他能量波，也不能被人所见。它被称为暗物质。暗物质约占宇宙物质总量的80%。

什么是物质？

物质由原子构成。从一管牙膏到一个巨大恒星，物质构成了你能尝到、触摸和看见的一切。所有由物质构成的物体都对其他物体有引力。

这是暗物质的艺术想象图，如果它能被我们看见的话，也许就是这个样子的

WIMP！

　　那么，暗物质可能是什么呢？一个理论认为暗物质是弱相互作用大质量粒子（Weakly Interacting Massive Particle，WIMP）——一种可在没有任何作用力的情况下穿过普通物质的粒子。如果这种粒子在宇宙中无处不在，那么，它们的全部质量之和，就是宇宙中缺失的物质质量。不过，目前所有寻找 WIMP 的实验都以失败告终。

　　其中一个实验，在 1100 米深的矿井下，安置了一个充满低压气体的探测仪。位于上层的岩石层被用来吸收宇宙中的其他射线。科学家们原以为 WIMP 会穿过岩石层到达探测仪，与大气粒子相撞。遗憾的是，他们并没有探测到任何 WIMP

宇宙中其他的射线

岩石

WIMP 的可能路径

被岩石吸收的射线

矿井

WIMP 探测仪

暗能量

　　在 20 世纪 90 年代，科学家们发现宇宙正在以比过去还要快的速度膨胀。而引力是将物体拉向彼此的力，因此，科学家们推断，一定有某种力量克服了引力，为膨胀速度的增加提供了动力。这种未知的能量叫作暗能量，它至今还是一个巨大的谜团。

宇宙中的奇异事件

暗物质和暗能量并不是宇宙中仅有的诡异事物。另外一些非常奇怪的天体和现象，也令科学家们感到惊讶和困惑不解。下面让我们一起来看看。

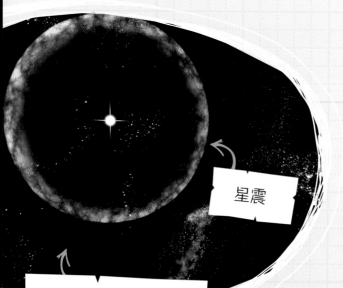

星震

SGR 1806-20 的星震持续了不到 1 秒，但释放出了超过太阳 10 万年释放的能量总和

震动！

强磁星是一种巨型的中子星，它可以在太空中引起一种类似地震的震动，即星震。2004 年，从 SGR 1806-20 发出的星震非常剧烈，部分作用力甚至从 5 万光年之外到达了地球大气层。

一颗真正的流星

通常被我们称为流星的是微陨星体——在地球大气层燃烧的岩石或金属的碎片。然而，有一颗恒星正以每秒 130 千米的超高速度穿过太空。蒭（chú）藁（gǎo）增二的质量大约和太阳的一样，不过，因为飞速穿行在太空中时，它一直在丢失气体，所以它正变得越来越小。

蒭藁增二是已知唯一拥有长长尾巴的恒星

13 光年

这是蒭藁增二尾巴的长度。

绿色气体

2007 年，荷兰教师汉妮·范·阿克尔（Hanny van Arkel）发现了一个陌生的、鲜艳的青绿色气团漂浮在一个旋涡星系旁的太空中。该气团被命名为"汉妮天体"（意思是汉妮发现的天体）。它并非小块云团，而是几乎有银河系那么大。

旋涡星系

汉妮天体

迷恋果味

科学家们在 2.6 万光年远的地方发现了一个尘埃和气体云——人马座 B2。它里面充满了甲酸乙酯，树莓的果味就来源于这种化学物质。

水、水

宇宙中已知的最大"蓄水池"不在地球上，而是在 120 亿光年外的 APM 08279+5255 类星体周围。APM 08279+5255 类星体被一个巨大的水蒸气圆盘环绕，里面包含的水超过地球海水总量的 1400 亿倍。

有外星人吗？

我们无法想象宇宙之大。那么，地球真是唯一有智慧生命存在的天体吗？尽管目前为止，并未发现有地外生命存在的迹象，但一些科学家仍然希望有一天能和"他们"取得联系。

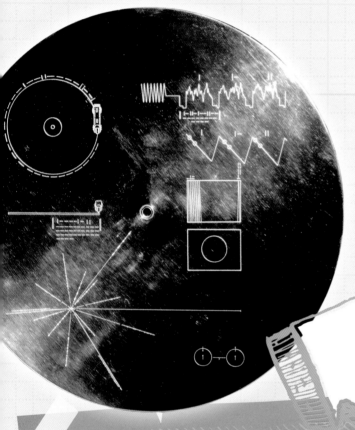

地球发出的信号

其他恒星系统距离地球太远，人类的宇宙飞船无法到达。而科学家们尝试了各种方式，试图与地外生命取得联系。先驱者10号和先驱者11号行星际探测器都携带了一个金属板，上面刻有人类男女的形象，以及一幅太阳系及其在银河系中的位置的简易地图。

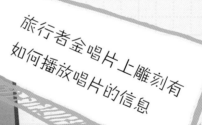

旅行者金唱片上雕刻有如何播放唱片的信息

朝着"珍宝"出发

旅行者1号和2号行星际探测器携带的金唱片包含地球上的声音以及55种不同语言的祝福话语。现在，这两个探测器是距离地球最远的机器。旅行者1号已经飞离了太阳系，与地球的距离超过190亿千米。

200 万年

这是先驱者10号靠近沿途的下一个恒星——毕宿五所需要花费的时间。

新世界

天文学的进步，已经让我们发现了超过1800个环绕除太阳以外的恒星运动的行星。很有可能，某些系外行星围绕恒星运动的距离合适，存在液态水，可以使行星上的生命茁壮成长。

开普勒－186f是最早被发现的地球大小的行星，并且，它与围绕的恒星距离合适，表面可能存在液态水

仔细聆听

不同于向外发射信号，有些寻找外星人项目搜寻来自太阳系外的智慧生命发出的信号。艾伦望远镜阵由42个射电望远镜组成，它们同时工作，搜寻遥远太空中的无线电信号。

什么是阿雷西博信息？

1974年，科学家们以21000光年外的星团为目标，用无线电波从阿雷西博射电望远镜发射了一条信息。这条无线电信息携带了关于阿雷西博射电望远镜、太阳系和地球生命存在的必要化学元素等信息的简单图形代码。

你好！

1967年，乔斯林·贝尔（Jocelyn Bell）发现从太空中来的有规律的无线电信号。她将这个信号命名为LGM-1——小绿人（Little Green Man）的缩写。但遗憾的是，这个信号并非来自外星人，而是来自最早被发现的脉冲星。

宇宙将会有怎样的结局？

首先，放轻松。宇宙如果要毁灭的话，很可能还有上万亿年的时间。宇宙遥远的未来将何去何从？宇宙学家为此苦苦思索，并发展出了若干理论。

"冷静"下来

"大寒冷"理论推测，如果宇宙一直膨胀下去，星系间的空间将不断增大，直到所有天体都变成太空中的孤岛。星系气体将耗尽，从而形成新的恒星。而现存的恒星最终将因能量枯竭而死。最后，宇宙将变成一个寒冷、黑暗的荒芜之地。

宇宙是什么形状的？

没有人知道。科学家们假想过各种各样的形状，从弯曲的马鞍状到球形，甚至甜甜圈状的圆环形。宇宙学家想知道，宇宙是一直持续的、无限的，还是有一定形状的、有限的。

"大撕裂"

2003年，一个新的关于宇宙如何结束的理论被公开。它认为宇宙将持续变大，而且速度会越来越快。随着宇宙膨胀的速度越来越快，它将克服使物体维持在一起的引力，将所有物体撕裂。

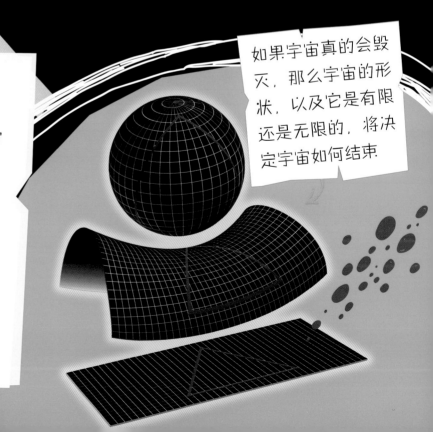

如果宇宙真的会毁灭，那么宇宙的形状，以及它是有限还是无限的，将决定宇宙如何结束。

"大收缩"

　　另一种相反的理论认为，在遥远将来的某个时刻，宇宙将停止膨胀。在那时，引力将克服膨胀的力，开始将所有物体聚拢。由于宇宙缩小，星系将加速朝彼此移动，碰撞并融合。最终，宇宙将塌陷并向内收缩直到成为一个奇点。

现在的宇宙

时间

"大收缩"

反弹回来

　　但是，"大收缩"可能并不是故事的结局。从这个奇点将可能会发生一次新的大爆炸，并产生另一个完全不同的宇宙。这个理论被称为"大反弹"。

"大收缩"有可能像"大爆炸"一样，只是过程刚好相反。科学家们普遍认为，目前宇宙缺少足够的物质使"大收缩"成为可能的结局

"大反弹"理论

宇宙变成一个奇点

宇宙开始坍缩

一个新宇宙开始膨胀

术 语 表

大爆炸：一个关于在 137 亿年前宇宙如何形成的理论。

光年：光花费一年时间走过的距离（约为 94605 亿千米）。

光速：光的速度，约为 299792 千米／秒。

黑洞：一类天体，它的引力极其巨大，以至于附近任何物体，包括光，都会被吸进去。

红移：天体远离我们时，发出的光线被延长的现象。

视界：黑洞的边界，所有物体，甚至光线，越过这个边界后都不能逃脱黑洞的引力。

特大质量黑洞：通常被发现存在于星系中心的黑洞，质量可能是太阳的成百上千万倍。

万亿：一万个一亿。

物质：客观存在于太空中的实体（如固体、液体或气体）。

吸积盘：在密度非常巨大的天体（如黑洞）周围形成的巨大物质圆盘。

亿：一万个一万。

引力：物体之间相互作用的一股不可见的强大力量。

宇宙背景辐射：被认为起源于大爆炸后极短的时间里产生的辐射。

原子：最小的化学元素单位。

质量：物体所包含的物质的总量。人们在生活中习惯上称之为"重量"。

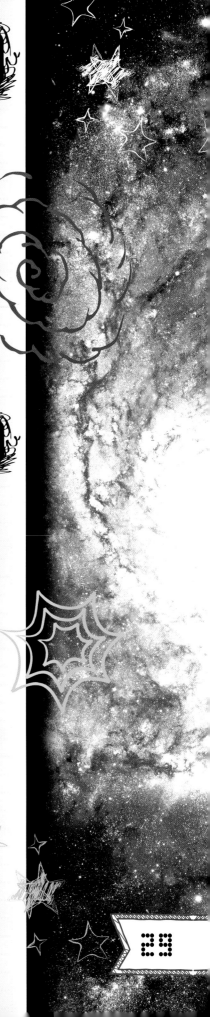

扩展阅读

图书：

《秒懂太空：寻求超越》（*The Story of Space: Looking Beyond*）
作者：[英]史蒂夫·帕克（Steve Parker）

网站：

http://www.schoolsobservatory.org.uk/astro/cosmos
国家学校天文台的科学家对有关太空的问题的解答。

http://school.discoveryeducation.com/schooladventures/Universe
关于宇宙许多有趣的描述：它如何形成的？如何用光年测量距离？

http://hubblesite.org/hubble_discoveries/dark_energy
哈勃空间望远镜团队解释科学家们第一次遭遇的神秘的暗能量。

图片来源

索　引

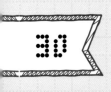